靴磨きの教科書

プロの技術はどこが違うのか

株式会社R&D代表取締役社長
静 孝一郎

毎日新聞出版

はじめに

　私の友人のホテルマンは、昔、上司から「お客様の靴を見れば、その方がどんな方かわかる」と言われたそうです。実際、クレームを出してくるのは、きれいに磨かれた靴を履いた人より、汚れた靴の人であることが多いとか。

　職業柄、他人様の靴を見ることの多い私ですが、人の内面が靴に現れるというのは、おおむね正しいと感じます。

　なぜ、人柄が靴に現れるのか？

　それはたとえば、きちんと手入れがされた靴を履くことで気持ちが引き締まり、仕事でも遊びでも良い結果が生まれ、楽しいことが舞い込んでくるので心に余裕ができる、といった好循環が生まれるからではないでしょうか。

　地上からわずか10センチ。普段はなかなか目の届きづらい靴にこそ、持ち主の人柄が現れる。見る目を持つ人はそれを知っていて、文字通りあなたの「足元」を見てくるとしたら、靴の手入れをおろそかには

できないはずです。

　靴を美しく保つよう日頃から意識すれば、「自分は周りからどう見られているか」を考えられるようになります。それは靴以外の身だしなみや、日常の何気ない言動まで省みることができる、より高い自己意識への道筋となるのです。

　とはいえ、靴磨きは苦行ではありません。コツをつかめば誰でも上達しますし、うまくできるようになれば楽しくなってきます。

　自分で心ゆくまで磨き抜いた靴を履けば、外に出ることが楽しくなってきます。週末、ゆっくりと靴を磨くことで、ストレスを解放して心を落ち着かせ、あらたな活力を得るひとときにしている方もいます。

　この本では、自分でできる正しい靴磨きのノウハウだけでなく、靴やお手入れ用品にまつわるちょっとつっこんだ知識まで凝縮しています。初心者から靴愛好家まで、皆様に長く愛読していただけることを願っております。

目次

はじめに … 2

1章　基本的な靴のお手入れ

靴の種類と各部の名称 … 8

一般的な革素材
　　スムースレザー … 10
　　起毛皮革（スエード、ベロア、ヌバック） … 11

スムースレザーのお手入れ
　1 ホコリ落とし … 12
　2 汚れ落とし … 14
　3 栄養補給 … 16
　4 ブラッシング … 18
　5 仕上げ … 20
　6 鏡面磨き … 22

起毛皮革のお手入れ
　1 ブラッシング … 26
　2 汚れ落とし … 28
　3 補色・仕上げ・栄養補給 … 30

2章　特殊な素材のお手入れ

特殊素材の特長と手入れ
　　コードバン … 34
　　エキゾチック … 37
　　エナメル … 38
　　レザースニーカー … 39
　　メッシュ … 40
　　ヌメ … 41
　　ホワイトバックス … 42
　　ブライドルレザー … 43
　　オイルドレザー … 44
　　ラバー … 45
　　オーストリッチ … 46
　　ムートンブーツ … 47
　　ハラコ … 48
　　キャンバスシューズ … 49
　　合成皮革 … 50

細部のお手入れ
　　靴の革底のケア … 51
　　靴のコバのケア … 52

シューケア技術の応用
　　深いキズの補修 … 53

　　カバンのお手入れ／
　　ベルト・財布のお手入れ … 54

カバー・本文デザイン	轡田昭彦＋坪井朋子
扉イラスト	綿谷寛
編集協力	白石あづさ
写真提供	株式会社R&D、株式会社リッシュ
監修	株式会社R&D

3 章　靴のお手入れ・発展編

靴の水洗い … 52

足と靴のフィッティング
　　足のアーチ … 54
　　靴の伸長 … 55

靴のトラブルシューティング
　　靴のカビの処理 … 62
　　靴の中の除菌 … 64
　　「銀浮き」の処理 … 65
　　雨で濡れた靴の対処法 … 66
　　雨や雪の日に役立つグッズ … 67
　　靴底の補強と補修 … 68

もっと靴を楽しむために
　　アンティーク仕上げ … 69
　　靴紐のいろいろな通し方
　　　　パラレル … 70
　　　　ベルルッティ … 71
　　　　ループバック … 72
　　　　ハッシュ … 73
　　　　ラダー … 74
　　　　トレイントラック … 75

4 章　靴磨きの道具について

クリーナー … 78

サドルソープ、シューシャンプー … 79

靴クリーム／ワックス … 80

ブラシ（ホコリ落とし用）
／ブラシ（磨き用、仕上げ用）… 81

起毛皮革用ブラシ … 82

デリケートな皮革向け … 83

特殊皮革向け① … 84

特殊皮革向け② … 85

仕上げスプレー … 86

コバとソールのケア用品 … 87

あると便利な小物 … 88

靴を清潔・快適に保つ … 89

COLUMN

1　「シューケア」と「シューポリッシュ」… 6

2　「ハイシャイン（鏡面磨き）」のお話 … 32

3　コードバン革の「秘密」… 55

4　「革靴の水洗い」は正しい！… 56

5　革靴の保管方法とカビ対策 … 76

6　「M.モゥブレィ」誕生秘話 … 90

7　足の裏の「3つのアーチ」の役割 … 91

おわりに … 92

COLUMN 1

靴売場のお手入れコーナーにある、ビン入りの「靴クリーム」と、缶入りやスポンジ型の「靴用ワックス」。多くの方が用途は同様だと思っているであろうこれら2つ、いったい何が違うのでしょうか？

前者は油とロウと水を混ぜ合わせて作られた、乳化性クリームと呼ばれるものです。対して後者のワックスは成分の大半がロウで、そこに油を溶かし込んだイメージです。つまり「水」が入っているか入っていないのかが、大きな違いなのです。

天然皮革を良い状態で保つには、潤い、つまり水分が絶対に欠かせません。乳化性クリームは、水で潤いを与えながら油分で栄養を補給し、ロウで光沢を出すことができる、総合的にバランスのとれた靴のお手入れの主役です。

対してワックスはロウが主体ですので、光沢と防水力を与えるだけです。簡単にツヤが出るからとワックスだけで革靴を磨き込んでいると、次第に革の柔軟性が失われ、さらにロウが表面を覆うため通気性が悪くなり、ひび割れ（革切れ）が起こります。実は、「シューケア（靴のお手入れ）」と「シューポリッシュ（靴磨き）」は、「靴をキレイにする」という点で一見似ていますが、全く別のものなのです。

栄養と潤いを与える乳化性クリームでケアした後に、より美しい光沢を求めてワックスで磨き込む、というのが革靴のお手入れの理想なのです。

「シューケア」と「シューポリッシュ」

1章 基本的な靴のお手入れ

晴れた日、雨の日。暑い日、寒い日。日々きびしい環境にさらされている靴を、労ってあげましょう。

まずは基本的な手順を、革靴の素材として代表的な「スムースレザー」と「起毛皮革」のお手入れ方法でご紹介します。

靴の種類と各部の名称

普段履き、ビジネス、冠婚葬祭と、靴はTPOに応じた使い分けが必要だ。
装いのセンスのある人は、靴の知識も豊富なもの。
靴のパーツやいろいろなデザインについて知識を深め、「足元への意識」を高めよう。

プレーントゥ

爪先部に飾り穴や縫い目(ステッチ)などのない、無装飾の靴のこと。ビジネスからカジュアルまで使える定番的なデザインながら、そのスマートさで革靴愛好家の支持は根強い。

❶アッパー
靴の底部分を除く、上部(甲)の部分のこと

❷トゥ
靴の爪先など先端部の総称

❸羽根
紐靴で甲部分を締めて調整するための部分

❹ベロ(タン)
甲への水などの侵入を防ぎ、衝撃を緩和する

❺コバ
靴の底と甲を縫い合わせている部分と周囲

❻ソール
靴の底部すべての総称

ウイングチップ

穴飾り、ステッチなどを用い、アッパーの爪先部分を、翼のような曲線で飾ったデザインの靴。おかめの面の髪や顔に似ていることから「おかめ飾り」とも呼ばれている。

ストレートチップ

爪先部分を一直線に横切るステッチが、特徴的なアクセントとなっている。紳士ビジネスシューズの代表的なデザインのひとつで、冠婚葬祭にも適している。

モンクストラップ

靴紐がなく、革のバンドでとめる形となっているもの。紐靴よりもファッション性が高いぶんカジュアル感が強く、冠婚葬祭などのフォーマルな場には不向き。

ローファー

紐を用いないで履くスリッポンタイプの靴で、アメリカントラッドなアイビーファッションの象徴的なデザイン。ビジネスからカジュアルまで幅広いファッションで使われている。

一般的な革素材 1

スムースレザー

表面がなめらか（smooth）なことからこのように呼ばれるが、スエードなどの起毛皮革を除いた、一般的な表革全般を指す、広範囲な呼び名として用いられる。代表的なものには、皮革の表面（銀面）を顔料などで塗装して仕上げている「ガラス革」と、皮革の表面を染料仕上げした「銀付き革」の2種類がある。銀付き革は染色によって表面の風合いを活かした仕上げが可能で、「本染め革」とも呼ばれる。

一般的な革素材 2

起毛皮革
(スエード、ベロア、ヌバック)

　天然皮革に、紙ヤスリなどで毛羽立てる加工(バフ)を施した革のこと。スエード、ベロア、ヌバックに大別される。スエードとベロアは皮革の裏側にバフをかけたもので、スエードより毛足が長く荒れたものをベロアと呼ぶ。表革にバフをかけたものがヌバックで、毛足が短くベルベットのような美しい仕上がりを持つ。いずれも繊細な手触りだが、起毛しているため実は汚れや水濡れにも強い。

スムースレザーのお手入れ 1

ホコリ落とし

靴の手入れの第一歩にして、絶対に外せない工程。
お手入れをしっかりした靴なら、
ホコリ落としのブラッシングだけでも履くたびに行えば、
輝きのもち具合がだいぶ違ってくる。

作業手順 関連ケアグッズ

1　靴紐を外す

靴紐や羽根の下にもホコリが入りこんでいるので、細かい部分までケアをするために毎回外す。紐の状態も靴の見栄えに大きくかかわるので、状態が悪ければ交換する。

ホコリ落としブラシ
詳細はP81
馬毛など毛が柔らかく、毛量のあるものが最適。

2　シュートリーを入れる

シューケアを行う際は、シュートリーを入れて行うようにしたい。シワやヨレが伸びて細かい部分まで汚れ落としができ、クリームをしっかりと浸透させられる。靴に張りが出るのでお手入れもしやすくなる。

シュートリー
靴ごとのサイズや形にあったものが望ましい。

3　ブラシをかける

ホコリを落とす時には、柔らかく、毛先が細い馬毛のブラシが最適。細部は毛先を当てながら毛の弾力で払うように動かす。羽根の内側やコバのくぼみ、革の縫い目などもしっかり払う。

靴紐
靴紐は消耗品。傷んでいたらこまめに交換を。

スムースレザー のお手入れ 2

汚れ落とし

液体の汚れ落とし剤で、表面の汚れと、
革に入りこんだ古い靴クリームやワックスを丁寧に落としていく。
クリームを塗り重ねていると通気性が損なわれ
劣化の原因となるため、とても大切な作業。

作業手順

関連
ケアグッズ

1　指に布を巻く

汚れ落とし用の布を指に巻きつける。1本指に巻くと細かく繊細なタッチで拭き取りができ、2本指は効率よく広範囲に作業ができる。自分のやりやすいほうでかまわない。

布

ボロ布でもOKだが、その場合は目の細かい綿布を。

2　布の巻き方

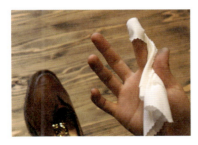

反対側から見たところ。指の腹に布がかかっていればいいので、きつく締めつける必要はないが、汚れをキャッチしやすいように指先にシワが寄らないように。

水性クリーナー
➡詳細はP78

スムースレザーの洗浄は、皮革に優しい水性クリーナーで。

3　汚れを落とす

水性の汚れ落とし剤を布につけて、靴表面の汚れと革に残っている古いクリームを拭き取る。汚れ落とし剤は大量に使う必要はなく、布が湿る程度で大丈夫。

| スムースレザー のお手入れ 3

栄養補給

乳化性クリームで皮革に栄養と潤いを与える、
スムースレザーのお手入れの最も重要な作業。
皮革は油分と水分をしっかりとなじませることで
柔軟性と耐久性が高まり、さらに自然な光沢感も増していく。

作業手順

関連ケアグッズ

1 クリームをブラシに取る

目安は、片方の靴に対して米2〜3粒程度。靴の乾燥がひどい場合はもう少し増やす。塗布用ブラシを用いるとクリームが布に吸い込まれず、手早く、また細かい部分にもクリームを塗ることができる。

靴クリーム
→詳細はP80

ワックスで磨く前に、革に潤いと栄養を補給する。

2 クリームを塗る…1

靴のカカト部分から、クリームを馴染ませながら靴全体に薄く塗り広げていく。クリームが皮革に浸透する量は限られているため、厚く塗っても意味はない。ブラシに取ったクリームが均一になるように塗っていく。

塗布用ブラシ
→詳細はP88

布や指よりも効率良く、コバ周りなど細部まで塗れる。

3 クリームを塗る…2

コバの部分やメダリオン（飾り穴）の中など、細部までクリームが行きわたるようにする。

17

スムースレザー のお手入れ 4

ブラッシング

ブラシをかけることでクリームを全体になじませつつ、
表面に残った余分なクリームを取り除く。
豚毛や化繊毛など、ある程度のコシを持つ硬めの毛質のブラシは
ツヤが出やすく、この工程に最適。

作業手順

関連ケアグッズ

1　手早く均一にクリームを伸ばす

クリームを塗ったら、すぐにブラッシングしてクリームを靴全体に均一に伸ばしていく。時間を空けすぎると表面に残ったクリームが乾燥して伸びにくくなり、ツヤが出なくなってしまうので、スピーディーに作業するのがコツ。

仕上げ用ブラシ
➔ 詳細はP81

豚毛や化繊毛など、毛が硬くてコシのあるものを。ホコリ落とし用と違いブラシにもクリームがつくため、使うクリームと同じ数だけ用意すること。

2　全体にクリームを行きわたらせる

ブラシのかけ方で大切なのは、全体にクリームが行きわたるように大きく動かすこと。最終的なツヤの8〜9割程度は、この作業の段階で出てくるのでおろそかにしない。

スムースレザー のお手入れ 5

仕上げ

スムースレザー靴のお手入れの最終段階で、
ブラッシングでも残ったクリームを布で拭き上げて表面を滑らかにする。
通気性を保つほか、表面の細かい凹凸をなくすことで
ホコリや汚れも付きにくくなる。

作業手順

 関連ケアグッズ

1　余分なクリームの拭き取り

ブラッシング後に革の表面を指でこするとわかるが、実は表面のクリームは取りきれていないので、柔らかい布やボアで軽く靴を磨き上げていく。表面がツルッとなめらかになるまで行う。

磨き布
➜ 詳細はP88

綿のボロ布でもよいが、グローブ型のものなら作業もやりやすい。

2　仕上がりの見極め方

余分なクリームを取って表面が滑らかになると、革の通気性が向上し、ツヤも鮮やかに出てくる。表面に引っかかりを感じなくなってきたら、仕上がりのサイン。

仕上げ用スプレー
➜ 詳細はP86

汚れ防止や突然の雨に備え、仕上げの一手間を。

3　撥水スプレーをかける

防水だけでなく、汚れもつきにくくなる。次ページの「鏡面磨き」を施す場合は、その後に行うこと。また、スプレーをかけてすぐに雨の中に出てはいけない。必ず30分以上乾燥させる。

スムースレザーのお手入れ 6

鏡面磨き

爪先やカカト部分に油性ワックスを重ね塗りし、
表面の微細な毛穴を埋めてコーティングする。凹凸がなくなることで
乱反射が抑えられ、鏡のような美しい光沢が出る仕上げ方法で、
「ハイシャイン」とも呼ばれる。

作業手順

関連ケアグッズ

1　ワックスを塗る準備

磨き布を指にピンと張るように巻く。指の腹をテーブルなどでこすり、布の毛羽立ちをつぶすと作業がしやすくなる。指先にワックスを多めに取り、靴の爪先部分に塗り込む。

ワックス
➡詳細はP80

鏡面磨き向きの油性ワックス。

2　円を描いてワックスを塗る

ワックスは、円を描くように優しく丁寧に塗り込むのがコツ。磨くという感じではなく、塗り壁を作る左官作業のような感覚を意識すると上手くいく。

磨き布

ネルなど毛羽だった綿布を使うとよい。

3　ブラシでワックスをすり込む

馬毛など柔らかい毛のブラシの毛先を使ってワックスを革にすり込むと、この後の作業が早くなる。この作業を数回繰り返してから、ワックスを乾燥させるために数分間待つ。

馬毛ブラシ
➡詳細はP81

ホコリ落とし用と同じブラシだが、当然ながらきれいなものを。

鏡面磨き

作業手順

4 水を使って磨く … 1

爪先に水を1滴落とし、水を表面で滑らせて小さな半円を描くように広げていく。指先の半分位の面積を使い、力を入れずに優しく丁寧に半円を重ねていくこと。

5 水を使って磨く … 2

水滴がなくなったら再度1〜2滴をたらし、根気よく繰り返す。時間のかかる作業だが、焦って強くこすらないように。力を入れすぎるとワックスをはがしてしまい、光沢が出なくなってしまう。

6 磨く際の注意点

水のつけ過ぎもつけなさ過ぎも失敗の原因となるので、必ず1〜2滴の水で作業する。また指先に巻いた布の位置を変えてしまうと、塗ったワックスが拭き取られてしまうので注意。

作業手順

 関連ケアグッズ

7 ツヤ出し

小さな円を描き重ねながら、少しずつツヤを出していく。ツヤが出てきたらその部分の円をつぶすように、布を横に滑らせていく。根気よくこの作業をくり返す。

仕上げ用ブラシ
➡ 詳細はP81

ヤギ毛ブラシなどを最後に用いて、細かい線を消すことができる。

8 磨き上がりのタイミング

磨き始めは指に引っかかる感触があるが、丁寧に磨き続けると引っかかりがなくなって、鏡のような光沢が出てくる。美しい光沢がワックスを塗った部分全体に広がれば、ほぼ完成。

9 仕上げのブラッシング

最後に、ほんのわずかな水滴をヤギ毛のブラシの毛先につけて、磨いた部分をふわりと軽くならすと、わずかに残っている布の線の跡が消え、光沢の仕上がりがよりきれいになる。

起毛皮革 のお手入れ 1

ブラッシング

専用のブラシを使ったブラッシングは、
スエード、ヌバックなど起毛皮革のお手入れの最も基本的な作業。
ブラッシングをすることで、表面の荒れた毛並みを整え、
ホコリを落とすことができる。

作業手順

関連ケアグッズ

1 シュートリーを入れる

シュートリーを入れることで、革のシワやヨレが伸びて細かい部分までお手入れができる。靴全体に張りを持たせることで、起毛皮革独特の毛並みを整える作業が、効率的に行える。

シュートリー
カジュアルな起毛皮革靴の手入れにも、忘れずに。

2 ホコリ落としのブラッシング

真鍮ブラシが便利。一見革を傷めるように思えるが、起毛皮革はもともと革の表面を「傷つけた」素材なので、革が破れるほど力を入れなければ問題ない。毛に入り込んだホコリなどをかき出し、毛が潰れている部分を起毛することもできる。

真鍮ブラシ
➡ 詳細はP82

つぶれた起毛を起こすには金属ブラシが適している。

3 仕上げのブラッシング

スナップを利かせるような感じでさまざまな方向からブラッシングしたら、最後は一方向にブラシをかけて毛並みを整える。ほとんどの起毛素材靴は、爪先から履き口方向にかけて毛並みを整えると、鮮やかに仕上がる。

ハンディ型真鍮ブラシ
細かい作業に向いたハンディなタイプもある。

起毛皮革 のお手入れ 2

汚れ落とし

ブラッシングで落ちないしつこい汚れがついている場合には、消しゴムタイプのクリーナーでこすって汚れを落とす。油性の汚れの場合は、スプレータイプのクリーナーを使用する。

作業手順

1　消しゴムタイプのクリーナーでこする

細かいゴムの粒子をブロック状にした消しゴムタイプのクリーナーで、汚れている部分を軽くこする。効果的に汚れを落とせるが、砂消しゴムのように摩擦で汚れを削る仕組みなので、濃い色の素材に使う時は注意。

関連
ケアグッズ

起毛皮革用イレイサー
起毛皮革専用の、消しゴムのように使える汚れ落とし。

コンビブラシ
➡詳細はP82

金属ブラシや汚れ落としゴムが一体化した便利なタイプもある。

起毛皮革用クリーナー
➡詳細はP78

起毛皮革の汚れには専用のクリーナーを。

起毛皮革 のお手入れ 3

補色・仕上げ・栄養補給

濃い色の起毛皮革に多い色褪せは、補色剤で補修する。
スムースレザー同様、起毛皮革にも栄養や潤いが不可欠だが、
起毛しているため靴クリームは使えないので、
専用の栄養スプレーを使う。

作業手順

関連ケアグッズ

1 補色剤の塗り込み

スプレー型の補色剤はコバなどをあらかじめマスキングする必要があるので、液体タイプのものが使いやすい。色褪せしている部分から順に、ムラにならないよう全体に塗り広げていく。

起毛皮革用補色剤

かすれや経年劣化による色あせを補う。靴の色に合わせて選ぶ。

2 仕上げ

しばらく乾燥させ、色が定着したのを確認したら、真鍮ブラシでもう一度毛を起こし、最後は均一方向に毛並みを整える。

起毛皮革用保革剤
➡ 詳細は P86

栄養補給だけでなく、ちょっとした色あせの蘇生もできるスプレー。

3 起毛皮革用の栄養スプレーをかける

補色剤を使うほどではないが色がかすれているものは、発色効果のあるスプレーで色調を整えることができる。正しくお手入れした起毛皮革はそれ自体が水を寄せつけないが、防水効果のあるスプレーを使うのもよい。

起毛皮革用仕上げスプレー
➡ 詳細は P86

保革と防水仕上げが一度にできるタイプもある。

COLUMN 2

　最近では、店頭でお客様から「ハイシャイン（鏡面磨き）」についてご質問をいただくことが増えてきました。

　ハイシャインはその名の通り、鏡のように顔が映るほど、革靴の爪先を輝かせる磨き方です。実は、ハイシャインという言葉を日本で最初に使い始めたのはR&Dなのです。

　1980年代の前半ごろまでは、高級紳士靴を扱う専門店では、スタッフによって店頭のサンプルシューズの爪先はすべてピカピカに磨き込まれて燦然と輝き、お客様の購買意欲をかきたてたものです。しかしその後バブル経済が到来し、何でも売れる時代になると、靴業界でも手間をかけた売り方をする店が減り、店頭の靴に鏡面磨きを施す習慣は失われていきました。

　その後の96年、当時R&Dが代理店を務めていた外国のシューケア用品メーカーの担当者が来日し、実演イベントを開催することになりました。この際に、かつて「鏡面磨き」と呼ばれていた磨き方を「ハイシャイン」という言葉で呼称したのが、この言葉の始まりであったと記憶しています。

　表舞台から消えかかった技術を復活させ、紹介し続けた結果、「ハイシャイン」は一般的なシューケア用語としていつしか定着していきました。

　そしてその技術の系譜は、今ではハイシャインの進化系であるR&Dオリジナルの鏡面磨き「イルミナシャイン」へとつながっているのです。

「ハイシャイン（鏡面磨き）」のお話

2 章

特殊な
素材の
お手入れ

少し変わった素材を使った靴の
場合は、素材に合ったお手入れ
方法や道具が必要なことも。
素材の特徴と、「なぜこの工程
が必要なのか」という理屈がわ
かれば、たいていの靴は誰でも
磨けるようになります。

特殊素材の特長とお手入れ | # コードバン

馬の臀部をなめして染色した皮革。牛革は革の繊維組織が横（水平）に伸びているのに対して、コードバンは縦（垂直）にぎっしり詰まっており、革が丈夫で切れにくく長持ちして、使ううちに独特の光沢感が出る。

・作業手順・

・関連ケアグッズ・

1　クリームを塗る

コードバン用クリームを塗布用ブラシに取り、靴全体に軽く塗り広げていく。すり込むというより、革の上に膜を作る感じで手際よく行う。新品の場合、クリーナーによる洗浄は不要。

2　ブラッシング、仕上げ

柔らかい馬毛のブラシなどで、クリームを全体になじませながら広げていく。最後は柔らかい布でカラ拭きして仕上げる。

コードバン用クリーム
→詳細はP85

コードバンの栄養補給とツヤ出しに適したクリーム。

塗布用ブラシ
→詳細はP88

靴クリーム同様、塗布用ブラシで作業効率が上がる。

馬毛ブラシ
→詳細はP81

スムースレザーのホコリ落としに使うものと同じ。

ダメージがあるコードバン靴のお手入れ ❶

作業手順

関連ケアグッズ

1　準備

「銀浮き」(水に濡れたりして起こる革の凹凸、詳しくはP65参照)など表面にダメージが出た場合は、まずホコリ落としと汚れ落としを、スムースレザーと同じ手順(P12〜15)で行う。

水性クリーナー
➡ 詳細はP78

凹凸ができたコードバンの表面をならすのにも便利。

2　汚れ落とし

目の細かい綿布を指に巻き、指先に水性クリーナーを湿るくらいに含ませ、表面の汚れと古いクリームを落とす。コードバンは強くこすり過ぎると表面が荒れるので、なでるように軽く拭くこと。

汚れ落とし布

家庭にあるボロを使う場合は、肌着など柔らかい綿布を。

ダメージがあるコードバン靴のお手入れ ❷

○作業手順○　　　　　　　　　　　　　　　　○関連ケアグッズ○

3　クリームを塗る

コードバン用クリームを塗布用ブラシに取り、軽くすり込むようにして全体に塗っていく。馬毛などの柔らかいブラシで、円を描くようにゆっくりと時間をかけてブラッシングする。

4　仕上げ

堅くなめらかなもので表面をつぶして、凹凸をならしていく。最後にふたたびブラシをかけ、カラ拭きで全体を仕上げると、光沢が甦る。

コードバン用クリーム
➡詳細はP85

ダメージを受けたコードバン革に栄養を与え、補色・光沢効果も。

レザースティック

革の凹凸をならすグッズで、写真のものは水牛の角でできている。

馬毛ブラシ
➡詳細はP81

P34と同じものでOK。

特殊素材の特長とお手入れ　エキゾチック

ワニ革（クロコダイル）・トカゲ革（リザード）・ヘビ革（パイソン）などの爬虫類皮革や、サメ革（シャーク）・エイ革（ガルーシャ）などの、独特の模様や柄を持つ皮革の総称。

作業手順

1　クリームを塗る

専用クリームを柔らかい布で全体に薄く塗布する。ツヤは研磨で出しているものとラッカー仕上げのものがあり、後者はクリームを使うとツヤが消えるため、どちらかわからない場合はカラ拭きにするか、目立たない部分で必ず試す。

2　仕上げ

馬毛など毛の柔らかいブラシをかけ、全体にクリームをなじませながらツヤを出したら、柔らかい布でカラ拭きをして仕上げる。ツヤ消し（マット）仕上げの革には、ロウ分が少なくツヤが出ないデリケートクリームを使用する。

関連ケアグッズ

爬虫類革・メタリック革用クリーム
詳細はP84

光沢を持つ皮革には専用のツヤ出しクリームを使う。

デリケートクリーム
詳細はP83

ソフトレザー用だが、マット仕上げのエキゾチック革にも使える。ツヤのある革には使えない。

特殊素材の特長とお手入れ | エナメル

革に樹脂を塗装して光沢を出した革。日本の漆塗りをヒントに考案され、アメリカで特許（パテント）が取られたことからパテントレザーとも呼ばれる。オペラパンプスなどにも使われるように、フォーマルな装いに用いられることも多い。

作業手順

1　ブラッシングとツヤ出し

エナメルは履きシワが深くなっている場合があるので、しっかり伸ばす。傷がつかないよう柔らかいブラシで表面のホコリなどを落としたら、エナメル用のローションを柔らかい布で均一に塗る。

2　仕上げ

すぐに柔らかい布でカラ拭きし、ツヤを出して仕上げる。

関連ケアグッズ

エナメル革用ローション
➡ 詳細はP84

エナメル革用ローションを使えば、汚れが落ちツヤも甦る。

仕上げ用ブラシ
➡ 詳細はP81

傷つきやすいエナメルには、ヤギ毛など柔らかい毛のブラシを。

グローブ型磨き布（毛皮タイプ）

毛皮を使い、さらに傷つきを抑えたグローブ型もある。

特殊素材の特長とお手入れ ｜ レザースニーカー

くるぶし下までの短い丈のものをローカット、足首まで覆うものをハイカットと呼ぶ。中でも革の白スニーカーは、オールシーズン履けるアイテムとして人気だが汚れが目立ちやすく、お手入れが重要。

作業手順

1 汚れ落とし

シワをしっかりと伸ばしたら、水性クリーナーを布に取り、汚れている部分を中心に軽く拭いて全体的に汚れを落とす。靴底の汚れも同様に拭いて落とす。

2 補色、ホワイトニング

白革の場合は、専用ローションかクリームを全体的に塗り込み、栄養を与えながら補色する。最後に柔らかい布でカラ拭きして仕上げる。

関連ケアグッズ

水性クリーナー
詳細はP78

革靴だけでなくスニーカーの表革やラバー部分にも使える。

白革用ローション

傷や汚れが目立ちやすい白革には、専用の補色・保革剤を。

靴クリーム
詳細はP80

靴クリームも、色の合う革スニーカーに使用できる。

特殊素材の特長とお手入れ | メッシュ

紐状の革を編み込んで、一枚の皮革にしたもの。通気性が高いため夏物の靴などに使用されるケースが多い。イタリア語で「手編み」を意味するイントレチャートとも呼ばれ、高級ブランドのレザーアイテムにも使われる。

作業手順

1　汚れ落とし

硬い毛のブラシで全体をブラッシングし、水性クリーナーで革表面の汚れを拭き落とす。手入れの手順はスムースレザーと同じだが、ブラッシングの際には編み目の間に入り込んだホコリや汚れをかき出すように意識する。

2　栄養補給・仕上げ

クリームを塗布用ブラシに取り、全体に均一に塗り込む。仕上げ用のブラシで網目に入り込んだクリームをかき出しながらツヤを出す。クリームの代わりに栄養スプレーを使えば、仕上げのブラッシングは不要なので便利。

関連ケアグッズ

靴クリーム
➡詳細はP80

クリームがムラになりやすいメッシュには、無色のタイプがよい。

仕上げ用ブラシ
➡詳細はP81

スムースレザー同様、仕上げには豚毛など硬めのブラシを。

仕上げ用スプレー
➡詳細はP85

ブラッシングが面倒な人はこれですませる手も。

特殊素材の特長とお手入れ | ヌメ

タンニンでなめしただけの、革そのものが表面に出ている「素仕上げ」の皮革。本革の風合いが使い込むうちに美しいアメ色に変わっていくのを楽しめて人気が高いが、その分汚れもつきやすいので充分なケアが必要。

作業手順

1　栄養補給

油分が少ないデリケートタイプのクリームを布に取り、薄く伸ばしてなじませる。ソフト革用の栄養スプレーでもOK。

2　仕上げ

柔らかい布でカラ拭きして仕上げる。新品のヌメ革は汚れがつきやすいが、使いながらお手入れしてクリームを塗り込んでいくうちに光沢感も増して、味のある皮革に成長していく。

関連ケアグッズ

デリケートクリーム
➡ 詳細はP83

塗った直後は色が濃くなるが、次第に落ち着くので大丈夫。

グローブ型磨き布（毛皮タイプ）

繊細な皮革には、柔らかな磨き面のものが望ましい。

ナッパ用スプレー
➡ 詳細はP83

ナッパ（繊細に仕上げた羊などの革）用スプレーも使用できる。

41

特殊素材の特長とお手入れ ｜ ホワイトバックス

白い起毛皮革のことで、由来は「ホワイトバックスキン」（白い鹿革の意味、BUCK＝鹿）。鹿革には牛革同様に表革も起毛皮革もあるが、現在では鹿以外も含めた白い起毛皮革を総称する言葉として定着した。

作業手順

1　汚れ落とし

白以外の起毛皮革同様、真鍮製のブラシで全体をブラッシングして、毛に入り込んだ汚れとホコリをかき出す。ブラシでは落ちない頑固な汚れは、消しゴムタイプの汚れ落としでこすって落とす。

2　栄養補給・保護

スエード用の栄養防水スプレーをかけて、表面を保護しながら汚れから靴を守る。スムースレザーのようにクリームを使わなくても栄養が浸透し、素材に柔軟性が出て長持ちする。

関連ケアグッズ

ハンディ型真鍮ブラシ
ハンドタイプのスエード用真鍮ブラシ。

起毛皮革用イレイサー
起毛皮革専用の、消しゴムのように使える汚れ落とし。

起毛皮革用仕上げスプレー
▶詳細はP86
栄養補給と防水仕上げも忘れずに。

| 特殊素材の特長とお手入れ | # ブライドルレザー

なめした牛革を長期間ロウに漬け込んだ素材で、馬具（ブライドル）用にイギリスで開発された。表面の白い粉（ブルーム）が特徴。硬いので靴にはあまり適さないが、独特の風合いがサイフや手帳などに重宝される。

作業手順

関連ケアグッズ

1　栄養補給

栄養を与えるため、ローションタイプの栄養剤を布に取り、塗り込んでいく。ブライドルレザーは使い込むうちにロウ分が少なくなってくるので、定期的にロウ分と潤いを与える必要がある。

ローション型保革剤
➡ 詳細はP83

ロウ分を補給できるこのタイプは、ブライドルレザーと好相性。

2　仕上げ

馬毛などの柔らかいブラシでなじませながら、ツヤを出していく。最後に柔らかい布でカラ拭きして仕上げる。新品のブライドルはロウがたっぷり含まれているので、ブラッシングだけでも十分。

ホコリ落としブラシ
➡ 詳細はP81

新品のブライドルレザーのブルームを落とすのにも使える。

グローブ型磨き布（毛皮タイプ）
➡ 詳細はP88

毛革の磨き面は高級皮革のカラ拭きに最適。

43

特殊素材の特長とお手入れ｜オイルドレザー

なめす際に、オイル分を十分に含ませて加工した革のこと。オイルを含有しているため水に強く、しっとりとした感触が持ち味。「オイルレザー」や「オイルアップレザー」とも呼ばれる。

作業手順

1　汚れ落とし・栄養補給

馬毛などのブラシで表面のホコリや汚れを落とす。汚れがひどい場合は、水性クリーナーで軽く全体を拭く。塗布用のブラシにオイルドレザー用クリームを取り、全体に塗り込む。

2　仕上げ

豚毛などのコシのあるブラシをかけて、クリームを全体に均一になじませていく。最後に柔らかい布でカラ拭きして仕上げる。

関連ケアグッズ

水性クリーナー
詳細はP78

水性タイプの皮革クリーナーは、オイルドレザーにも使える。

オイルドレザー用クリーム

ロウ分を配合したオイルドレザー用のクリーム。

仕上げ用ブラシ
詳細はP81

スムースレザーと同様に豚毛ブラシでOK。

特殊素材の特長とお手入れ | ラバー

革や布をゴム引きで仕上げたものや、ゴムそのものの素材。水に強いため梅雨時などに人気があるが、お手入れを怠ると経年劣化しやすく、変色やひび割れなどを起こすと修復は難しい。

作業手順

1 汚れ落とし

全体を水拭きして泥などを落としたら、ラバー専用ローションを柔らかい布に取り、軽くすり込む要領で全体を拭いていく。

2 仕上げ

柔らかい布でカラ拭きする。ラバーは劣化しやすいので、定期的なケアが必要なのはもちろんだが、日差しにさらしたり高温下で保管することも絶対に避ける。

関連ケアグッズ

合皮用ローション
詳細はP84

ラバー、ビニール、合皮の汚れを落とし、ツヤを出すローション。

柔らかい綿布

ラバーはローションの塗り込みとカラ拭きが同じ布で可能。

特殊素材の特長とお手入れ｜オーストリッチ

ダチョウの革をなめした高級素材で、羽を抜いた跡の突起（クイルマーク）が最大の特徴。ソフトさがありながら丈夫で、使い込むほどに良い光沢感が出てくる。クイルマークが少ない脚部は「オーストレッグ」と呼ぶ。

作業手順

1　汚れ落とし・栄養補給

馬毛などのブラシで表面のホコリや汚れを落とす。汚れがひどい場合は、水性クリーナーで軽く全体を拭く。塗布用のブラシにソフトレザー用クリームを取り、全体に塗り込む。

2　ツヤ出し・仕上げ

豚毛などのコシのあるブラシをかけて、クリームを全体に均一になじませていく。最後に柔らかい布でカラ拭きして仕上げる。

関連ケアグッズ

デリケートクリーム
▶詳細はP83

皮革が柔らかいオーストリッチには、ソフトレザー用クリームを使うのが基本。

ローション型保革剤
▶詳細はP83

光沢感がほしい場合は、ロウ分を含むこちらを用いる。

グローブ型磨き布（毛皮タイプ）

繊細なオーストリッチの仕上げにも適している。

特殊素材の特長とお手入れ｜ムートンブーツ

ムートンはヒツジの毛皮のこと。これを用いたブーツは一般的に、靴の表面はスエード、内側は毛皮になっていて、保温性に優れる。最近は革や毛が合成素材の「ムートン風ブーツ」も多いが、ここでは天然皮革として説明する。

作業手順

1 汚れ落とし

ゴムタイプの起毛皮革用ブラシで、表面の汚れやホコリを落とす。ブラッシングでは落ちない汚れは、起毛皮革用クリーナーをかけて布で拭き取る。

2 補色・栄養補給・仕上げ

色が褪せている場合は、起毛皮革用の補色剤で補色する。最後に起毛皮革用の栄養・防水スプレーをかけると、色褪せを防ぎ、汚れや雨から靴を守るので長持ちする。

関連ケアグッズ

起毛皮革用ゴムブラシ
▶詳細はP82

イレイサーに似ているが、こちらはホコリ落としと起毛のためのもの。

起毛皮革用クリーナー
▶詳細はP78

起毛皮革用の、スプレータイプのクリーナー。

起毛皮革用補色剤

起毛皮革用の液体型補色・栄養剤。靴の色に合わせて選ぶ。

特殊素材の特長とお手入れ ｜ ハラコ

牛の胎児や出産直後の仔牛の毛皮で、「アンボーンカーフ」とも。アニマル柄で毛がついているのが特徴。元来、素材の流通量は多くなく、模造品や普通の仔牛・仔馬の革が「ハラコ」として販売されていることもある。

○ 作業手順

1　汚れ落とし

馬毛などの柔らかいブラシで表面のホコリを落としながら、毛並みを整えていく。乱暴にしたりお手入れを怠ると毛が抜けてしまうので注意。

2　保護

特殊な素材のため手入れが難しいと思われがちだが、ブラッシング以外は起毛皮革と同様の手順でOK。毛足が1センチを超えるようなものは皮革本体に保革成分が届きにくいため、撥水スプレーをかけて汚れや雨などから守る。

○ 関連ケアグッズ

ホコリ落としブラシ
➡ 詳細はP81

ホコリを払いつつ、ハラコの毛並みを整えるのにも適する。

撥水スプレー
➡ 詳細は86

表面を固める「防水」でなく、毛並みを損なわない「撥水」タイプを。

特殊素材の特長とお手入れ | キャンバスシューズ

アッパー(甲)が布で、靴底がゴムの靴。布は一般的に帆布と呼ばれる厚手の平織りされた素材で、絵を描く「キャンバス」と同じもの。布製なので水や汚れに弱く、特に白色のものはマメなケアが大切となる。

作業手順 / 関連ケアグッズ

1 準備

靴紐を外す。ラバー部分の汚れがひどい場合は、水性クリーナーで拭き取る。

水性クリーナー
▶詳細はP78

ラバーの部分についた汚れはこれで落とす。

2 クリーニング

素材に対応したクリーニング剤で靴全体を洗っていく。陰干しで乾燥させてから、仕上げに撥水スプレーをかけて汚れや雨から守る。

スニーカー用シャンプー
▶詳細はP79

革と布が両方使われた「コンビネーション」の靴にはこちら。

特殊素材の特長とお手入れ | 合成皮革

ポリエステルなどの生地の上に樹脂をコーティングし、天然皮革に似せて作られたもの。安価で丈夫だが皮革用のクリームなどはほとんど浸透しないため、天然皮革に比べて劣化しやすく、革独特の光沢感なども出にくい。

作業手順

1　ホコリ落とし・汚れ落とし

スムースレザーと同じ手順でホコリ落としと汚れ落としを行ったら、合成皮革専用のローションを靴全体に塗り込んでいく。

2　仕上げ

仕上げ用のブラシで成分をなじませながら、ツヤを出していく。最後に柔らかい布でカラ拭きをする。

関連ケアグッズ

合皮用ローション
詳細はP84

ラバー、ビニール、合皮の汚れを落とし、ツヤを出すローション。

グローブ型磨き布
詳細はP88

仕上げブラシと磨き布はスムースレザーと同じものでOK。

| 細部のお手入れ | 靴の革底のケア

靴底にゴムなどを張らない革のままのものは「レザーソール」とも呼ばれる。ドレスシューズのスタンダードであり象徴とも言えるもので、丈夫で通気性があり、蒸れにくい。お手入れして履きこむほどに、足になじむ。

作業手順

1　汚れ落とし・栄養補給

泥や汚れがひどい場合は水拭きで落とす。水性クリーナーで汚れを拭き取りながら、革底全体を湿らせる。革底用の栄養剤を塗布用ブラシに取り、革底全体に伸ばしてなじませる。

2　仕上げ

硬くなめらかな棒に柔らかい布を巻き、革底をつぶしながらクリームを押し込んでいく。光沢感が出てきたら陰干しで乾燥させて仕上がり。革底に潤いを与え、底を減りにくくするとともに歩行時の足裏の感触が向上する。

関連ケアグッズ

革底用クリーム
▶詳細はP87
革底には栄養補給のできる専用の保革剤を使用する。

レザースティック
「銀浮き」処理同様、革底の仕上げも硬くなめらかなもので。

| 細部のお手入れ | # 靴のコバのケア

コバとは靴底とアッパーを縫い合わせている部分で、特に外側はアッパーを衝撃やキズから守るため、傷みやすい。お手入れには補色と栄養を与えるクリームが最適だが、新品のうちならインクで仕上げる手も。

作業手順

1　汚れ落とし・栄養補給・補色

水性クリーナーでコバ周りについた汚れや古いクリームを落としたら、コバ専用クリームを塗布用ブラシに取り、コバ周りに塗り込んでいく。

2　仕上げ

硬くなめらかなものに柔らかい布を巻き、コバをつぶしながらクリームを押し込んでいく。光沢感が出てきたら陰干しで乾燥させて仕上がり。コバのキズや色褪せを補って栄養を与え、長持ちさせる。

関連ケアグッズ

コバ用クリーム
➡ 詳細はP87

コバ用の補色・栄養・ツヤ出しクリーム。コバの色に合わせて選ぶ。

レザースティック
コバの仕上げにも使いやすい。

| シューケア技術の応用 | ## 深いキズの補修

 ▶

革（スムースレザー）についた深いキズや剥がれたようなキズは、靴クリームなどでは修復は不可能。しかし、これもコツさえわかれば、自分の手で簡単に修復することができる。

作業手順

1 補修

革の表面の深いキズや剥がれた部分に、キズ補修用着色クリームを塗り込む。毛羽立ちが激しい場合は、あらかじめ1000番以上の細かい紙ヤスリでこすって、革の表面をならしておく。

2 仕上げ

陰干しで15分以上乾燥させた後、保革ローションを塗って傷んだ箇所に栄養を与え、全体のツヤ感を整えて仕上がり。

関連ケアグッズ

スムースレザー用 補修・着色剤
表革の傷を補い、着色するクリーム。革の色に合わせて選ぶ。

ローション型保革剤
→ 詳細はP83
小物にも使いやすいローションタイプ。

シューケア技術の**応用**

カバンのお手入れ

作業手順

1　汚れ落とし

ここまでの手順の応用で、靴以外の革製品も手入れできる。カバンのような表面積の大きいものは、ブラシでホコリを落とし、クリーナーで拭き上げていく。

2　栄養補給・仕上げ

ローションタイプまたはスプレータイプの皮革用栄養剤をカバン全体に塗り込み、柔らかい布でカラ拭きして仕上げる。

ベルト・財布のお手入れ

作業手順

1　汚れ落とし

小物の革は乾燥しやすい。乾燥が進むとキズが入って革切れを起こすおそれが高まるので、クリーナーで汚れを落とすだけでなく、潤いも与えたい。

2　栄養補給・仕上げ

デリケートタイプやローションタイプの皮革クリームで栄養を与え、ツヤを甦らせる。最後は柔らかい布でカラ拭きを。同様の手順で財布なども手入れできる。

関連ケアグッズ

水性クリーナー（オールマイティータイプ）
▶詳細はP78

靴よりも色や素材の組み合わせが複雑な革製品には、こちらを。

デリケートクリーム
▶詳細はP83

スムースレザー用のジェルタイプの栄養クリームは、靴以外にも使える。

ローション型保革剤
▶詳細はP83

表革製品全般に使えるオールマイティー性が便利。

COLUMN 3

　重厚な光沢、そして馬1頭から靴1足半〜2足分しか採れない希少性。コードバンは、愛好家垂涎の皮革です。その人気ぶりは、米国のホーウィン社や日本の新喜皮革社など、皮革製造会社がメディアで特集されるほど。靴磨きが本業の私たちにとってもコードバンのケアは腕の見せどころですので、人気の高まりはうれしい限りです。

　コードバンが他の皮革と違うのは、馬の臀部の皮の表面と裏面の中ほどにある、芯の部分を削り出して作る点。このため、少量しか採れないのです。この部分は繊維の密度が高く、起毛皮革のような手触りになっています。これをつぶして表革のようになめらかにしたものがコードバンです。牛革の繊維が「横」に流れるように重なるのに対し、コードバンは繊維が非常に高い密度で「縦」に並んでいます。このため、キズが多少入っても革がめくれたり切れたりせず、荒れたところをつぶして磨き込めばなめらかさが甦るので、長く愛用して、気品ある光沢を持つ革へと育てることができるのです。

　希少性や加工の難しさから、「革のダイヤモンド」とも称されるコードバン。高級なイメージに、手入れが難しそうと腰が引けてしまうかもしれませんが、素材の「秘密」を知れば、お手入れの方法を理解するのも簡単。機会があれば、ぜひコードバン製品を手にしてみてください。きっとその輝きに魅了されることでしょう。

コードバン革の「秘密」

COLUMN **4**

　R&Dは創業以来、「革靴には水が必要です」と言い続けてきました。「靴を水洗いなんて、とんでもない！」と言われていた時代から靴を水洗いし続け、現在では年間1000足以上の靴をお預かりし、洗っています。
　靴を水で洗ってよいということをご理解いただくには、石鹸の成分がどうこうなどとお伝えするより、こんなたとえ話でシンプルに説明するほうが伝わりやすいことにも気づきました。
　「革は繊維質なので、服と同じです。汗まみれになったTシャツは洗うのに、なぜ革靴は洗わないのですか？」
　革という素材の特徴を示し、普段履いている靴は清潔か不潔かと考えていただくと、お客様もご納得がいきやすいようです。サドルソープはその典型的な商品です。
　とはいえ、洗う必要があるのはあくまで、以下の3つのケースに限ります。
　①一定期間履き込んで汗を吸った時
　②型崩れがひどい時
　③濡れてシミができた時
　昨今、革靴の水洗いが、クリーニング店や靴修理店でも行われるようになったのを見ると、感慨ひとしおです。一方で、まだまだ革を水で濡らすことに抵抗がある方も多いようです。
　昔ながらの固定観念を払拭するのは難しいものですが、だからこそ、みなさんに本当の知識をご理解いただく活動を継続していく大切さを、日々実感しています。

「革靴の水洗い」は正しい！

3章 靴の お手入れ・ 発展編

ここまでは、靴をきれいに保つ日常的なお手入れを説明してきました。

ここからは、さらに一歩進んだ「靴とのつきあい方」をお教えします。「靴の水洗い」についても、しっかり説明いたします。

靴の水洗い

皮革にしみこんだ汗の塩分や脂は通常のお手入れでは落ちないが、専用の石鹸やシャンプーで洗い落とせる。
スムースレザーのほか、起毛皮革やスニーカーなども洗浄可能。
シミ抜きにもなる。

作業手順

関連ケアグッズ

1　準備

靴紐を外し、水性クリーナーで表面の汚れを軽く拭き取ったら、市販のスポンジに水を含ませ、靴の色が均一に変わるまで湿らせる。濡れていない部分が残るとクリーニング後にムラが出ることもあるので注意する。

皮革用石鹸
▶ 詳細はP79

表革用の石鹸。雨シミや塩浮きの出た靴を洗うのに最適。

2　クリーニング

皮革用石鹸を市販のフェイスブラシなどにとり、泡立ててキメの細かい泡を作る。小さな円を描く要領で靴全体を洗い、タオルなどで表面の泡を拭き取る。石鹸の成分に保革性があるので、成分が表面に気持ち残るようにする。

水洗い用ブラシ

市販のフェイスブラシでも代用できるが、革が傷つくほど硬いものは避ける。

3　乾燥・仕上げ

シューキーパーを靴に入れて、靴の履きシワを伸ばして形を整え、風通しの良い日陰で保管する。乾いた後はスムースレザーのお手入れ方法と同じ要領で仕上げる。起毛皮革やスニーカーはそれぞれ専用のシャンプーで洗うことができる。

起毛皮革用シャンプー
▶ 詳細はP79

スエードやヌバックは専用のシャンプータイプを使う。

足と靴のフィッティング | # 足のアーチ

足裏のアーチなど脚部各所に起きるゆがみは、痛みなどのトラブルにつながることも。以下のような症状がある場合は、中敷きなどでフォローしたい（P89、91も参照）。

3つのアーチ

足の裏には3つのアーチがある。これらは弓のように張り、歩行時にバネのような役割を果たして、弾むような歩行が可能になる。

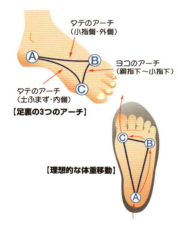

へん平足

土踏まずが下がり足裏が平らな状態。土踏まずのアーチにはクッションの役割があり、へん平足だと脚が疲れやすくなる。

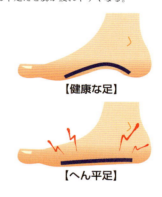

外反母趾

外反母趾とは、足の親指が人差し指方向に変形している状態をいう。親指の付け根が靴の内側に当たり、痛みが出ることもある。

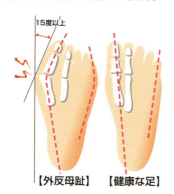

O脚とX脚

ひざが外側に出るO脚、内側に寄るX脚は、見た目が悪いだけではなく、加齢とともにひざ痛の原因にもなりうる。

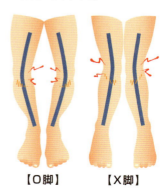

足と靴のフィッティング | 靴の伸長

足が当たるきつさや痛みを我慢して足に合わない靴を履き続けていると、足のトラブルの原因になる。足の長さや幅、甲の高さは千差万別。我慢せずにストレッチャー（伸長器）で調整して、自分の足にフィットさせよう。

作業手順

1　準備・伸長

皮革用柔軟剤を靴の表面から30cm離してスプレーする。靴のサイズに合わせて適切な大きさのストレッチャーを選び、革靴にストレッチャーをセットする。ハンドルを回転させ、爪先部分を広げ、24時間このままにする。

2　伸長する際の注意

部分的に足が当たる場合は、部分拡張チップをストレッチャーの該当部分に装着して1と同様にセットする。一気に行うと靴が緩みすぎてしまうこともあるので、1日ごとに少しずつ調整していく。

関連ケアグッズ

皮革伸長剤
スムースレザーの革靴を部分的に伸ばすための柔軟剤。

ストレッチャー
靴の中に入れて皮を伸ばして広げるためのアイテム。

エクスパンダー
革を部分的に伸ばす器具。

靴のトラブルシューティング | 靴のカビの処理

梅雨時や夏に発生する靴のカビ。カビ菌が革の繊維の奥に定着すると、表面のカビを取り除いても再発する可能性が高い。単なる水洗いはかえってカビを広げて逆効果。専用のケア用品と適切な作業で、再発しにくくできる。

作業手順

1　カビの除去

必ず屋外で、マスクをして作業する。皮革用カビクリーナーを表面が湿る程度に全体に散布し、不要な布でカビを拭き取っていく。使用した布はすぐに廃棄する。

2 除菌

表面のカビを除去したら、再度カビクリーナーを全体に充分に散布し、革の奥までしっかり除菌する。その後、屋外で陰干しする。

3 洗浄

半日ほど乾かした後、靴の水洗い（→P58〜59）と同じ要領で、汚れと残ったカビをしっかり洗い落とす。

4 乾燥・仕上げ

シュートリーを入れ、風通しの良い日陰で靴底を浮かせて1週間ほど乾かす。その間、2日に1回程度、カビクリーナーを全体に散布。充分乾燥したらスムースレザーのお手入れ（→P12〜21）と同じ手順で仕上げる。

関連ケアグッズ

皮革用カビクリーナー
➡ 詳細はP89

カビに水拭きは厳禁！　カビを塗り広げることになってしまう。

皮革用石鹸
➡ 詳細はP79

革にしみこんだ汗や脂はカビのエサ。しっかり洗って除去する。

靴のトラブルシューティング | 靴の中の除菌

密閉された靴の中は、日々汗で蒸れている。靴の中で繁殖したバクテリアは臭いのもととなるので、靴の中は定期的な除菌が必要。香りでごまかすのではなく、根本から臭いの元を断つ除菌タイプの消臭剤がおすすめだ。

作業手順

1　靴の中の清掃

靴の中で一番汚れが溜まりやすいのが、実は爪先部分。清潔に保つため、割り箸などに布を巻いて輪ゴムで固定して清掃棒を作り、爪先にたまったホコリをかき出す。

2　除菌・消臭

除菌タイプの消臭スプレーを散布する。靴を逆さに持ってスプレーすると爪先の奥まで成分が届きやすくなる。また乾燥剤を靴の中に入れることで靴内に汗がしみこむのを防ぎ、バクテリアの繁殖を抑えることができる。

関連ケアグッズ

除菌消臭剤
➡ 詳細はP89

さわやかな香りのもの、抗菌作用のある銀成分を含むものなどがある。

乾燥剤

靴の中に入れて湿気を取る。人気は天然木チップを使ったもの。

靴のトラブルシューティング ｜「銀浮き」の処理

靴が濡れて乾いたあと、革の表面に凹凸ができる現象が「銀浮き」。「銀」とは革の表面のことで、濡れた革の内部に溜まっている汚れや古いクリームが表面にまで盛り上がってきたり、模様のようにしみ出てきたりする。

作業手順

1 銀浮きの基本的な処置方法

水性クリーナーで、表面の古いクリームや塩分を除去する。強くこすると革を傷める恐れがあるので注意。次に水分の多いデリケートクリームを塗って、表面がなめらかなレザースティックなどで革の凸凹を押しつぶしていく。

2 ひどい銀浮きの処置方法

銀浮きがひどい場合は、皮革用石鹸で靴を洗う。また、タオルやキッチンペーパーなどに水をたっぷり浸し、パックのように靴に巻いて3〜4時間置くと塩分が出てくるので、その後につぶす作業を行うと直りやすい。

関連ケアグッズ

レザースティック
銀浮きした革の凹凸をつぶすのに便利。

皮革用石鹸
▶ 詳細はP79
銀浮きの一因、皮革内に溜まった汚れは水洗いで取り除く。

靴のトラブルシューティング | 雨で濡れた靴の対処法

ちょっとした雨だと、靴の表面に濡れた部分と濡れていない部分ができる。濡れた部分は乾くと色が濃くなり、革も硬くなる。濡れていない部分との差が「雨ジミ」として残ってしまわないよう、素早く対処しよう。

作業手順

1 水拭き

水をやや多めに含ませたタオルを用意し、水分を押し込むような要領で、靴の表面を均一に湿らせていく。その後、シュートリーを入れて陰干しで乾かす。

2 汚れ落としと仕上げ

全体を湿らせることで、乾燥後は表面が均一に仕上がる。充分に乾いたら、素材に合った基本的な手入れを行う(各素材ごとのページを参照。スムースレザーの場合はP12〜21)。

関連ケアグッズ

靴クリーム
➡ 詳細はP80
濡れて硬くなったスムースレザーを回復させる。

皮革用石鹸
➡ 詳細はP79
ひどい雨ジミができてしまったら、丸洗いでリセット。

靴のトラブルシューティング | 雨や雪の日に役立つグッズ

雨に濡れるのは困るし、雪の日は足元に不安が……それでも、革靴を履かなければならないこともあるだろう。そんな日も、靴用のレイングッズやスノーグッズがあれば安心だ。

靴のレインコート

ラバーやビニールでできた、靴の上から履く靴形のカバー。雨や雪などの荒天から、大事な革靴を守る。

靴用スノーチェーン

グリップ力を高め、雪道での歩行を安定させる。ゴムにピンが内蔵してあるタイプは装着感が良く、歩行時の違和感が少ない。他にも、自動車用のスノーチェーンのように鎖が剥き出しのタイプなど、さまざまな種類がある。

靴のトラブルシューティング | 靴底の補強と補修

地面と直に接する靴底のダメージは、ある程度修復できる表面やコバにくらべてはるかに深刻で、いずれ本格的な補修が必要になってくる。目安のタイミングや、あらかじめできる補強手段を紹介する。

すり減った靴底のカカトの修復

靴底のカカト（トップリフト）は、半分以上減ったら交換の目安。市販の交換パーツ（主にゴム製）を使って自分で修復することもできるが、修理店にはゴム製のほかにも革製や革とゴムのコンビネーション型など、さまざまな種類がある。

革底の補強（爪先）

革底の靴は、履いているうちに自然と爪先が少しずつ削れてくるので、あらかじめ革やゴム、金属などでできた補強材を取り付ける補強手段もある。金属製のものは靴が新品のうちに取り付けておくのがおすすめ。

革底の補強（ハーフソール張り）

靴底の前半分全体に革やゴムを貼って補強する。革底の減りを予防するほか、ゴム製のものは滑り止めにもなる。雪道対策としてグリップ力をさらに強化したものもある。

もっと靴を楽しむために｜アンティーク仕上げ

薄い色の靴に濃い色の靴クリームを塗って仕上げることで、アンティーク調に見せる技法。爪先からグラデーションをつけ、ステッチなどに塗り込んでいくと、濃淡のトーンがついて靴に立体感が出る。

作業手順

1　準備

スムースレザー靴の基本的なお手入れをしておく（→P12〜21）。ブラッシングでホコリを落とし、水性クリーナーで汚れを落としたら、乳化性クリームで栄養補給とツヤ出しを行い、ブラッシングとカラ拭きで仕上げる。

2　革に濃淡をつける

明るい茶色の靴の場合、ダークブラウンや黒などのクリームを塗付用ブラシで塗り込んでいく。全体的に塗るのでなく、爪先やステッチなどポイントを絞るのがコツ。最後はブラッシングとカラ拭きで仕上げる。

関連ケアグッズ

靴クリーム
➡詳細はP80

絵の具のように混ぜ合わせて、新しい色を作ることもできる。

塗布用ブラシ
➡詳細はP88

ポイントを絞った「ちょっと塗り」には、塗布用ブラシが活躍。

もっと靴を楽しむために ｜ 靴紐のいろいろな通し方

靴紐にはさまざまな通し方がある。
靴紐の通し方や色をちょっと変えるだけでぐっと変化する、靴の表情を楽しもう。

パラレル

ドレスシューズの王道ともいえる通し方で、ストレートとも呼ばれる。
水平のラインがスッキリと美しく、左右に均一に力がかかるので緩みにくい。

1

最下段（以降、1段目）の左右の穴に外側から紐を通し、左右の長さをそろえる。うち片方 Ⓐ を反対側の2段目の穴に、もう一方 Ⓑ を同じく反対側の、1段飛ばした3段目の穴に、それぞれ内側から外側へ通す。

2

Ⓐ の紐を、反対側の同じ段の2段目の穴に、外側から内側へと通す。そのまま反対側の4段目の穴に、内側から外側へと通す。

3

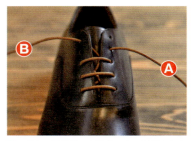

Ⓑ の紐を、反対側の3段目の穴に外側から内側へと通したら、そのまま反対側の5段目の穴に、内側から外側へと通す。

4

Ⓐ の紐を、反対側の4段目の穴に外側から入れ、反対側の5段目の穴に内側から外側へ通したら完成。

ベルルッティ

こちらは通し方ではなく、結び方。フランスの高級靴ブランドBerluti（ベルルッティ）が採用したため、このように呼ばれる。一般的な蝶結びよりもほどけにくく、見た目も美しい。

1

両方の紐を交差させる。

2

もう一度交差させる。

3

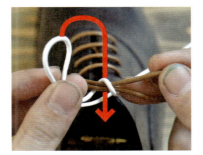

蝶結びと同じように左右の紐それぞれにループを作るが、そのまま結ばず、片方のループを反対の紐にからめるように回し、ループの根本のすきまから出す。

4

すきまから出したループと、もう一方のループを交差させ、左右に引っ張って結んだら完成。ほどき方は普通の蝶結びと同じ。

靴紐のいろいろな通し方

ループバック

紐を中央で交差させ、紐と紐を引っかけながら通していく。
複雑なラインを描いて見せる楽しさがある。

1

1段目の穴に内側から外側へと紐を通し、紐の左右の長さをそろえる。紐を一度交差させて1回ねじる。

2

交差させた紐をそれぞれすぐ上の2段目の穴へ、内側から外側へと通す。

3

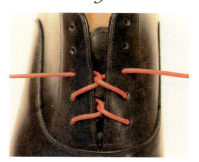

同様に、紐を交差させ、次の段の穴に内側から通す。これをくり返していく。

4

最上段の穴まで紐を通したら完成。

ハッシュ

紐でひし形を作りながら網状に通していく方法で、
ドレスシューズをカジュアルに見せることができる。

1

1段目の穴に内側から紐を通して交差させ、1段とばして3段目の穴に、外側から内側へと通す。

2

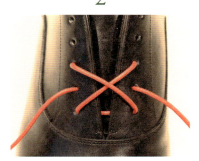

すぐ下の2段目の穴に、内側から外側へ通す。

3

また紐を交差させ、4段目の外側から内側へ通す。これをくり返していく。

4

一番上の段まで来たら、紐を交差させて内側から外側へ通せば完成。

靴紐のいろいろな通し方

ラダー

その名が示すように、紐をハシゴの形に通していく。
緩みにくく、しっかりと結べるのでほどけにくい。

1

左右とも1段目の内側から外側へ紐を通し、そのまますぐ上の2段目の穴に、外側から内側へ通して交差させる。

2

交差させた紐をそれぞれ、1段目と2段目に通した紐の下をくぐらせる。

3

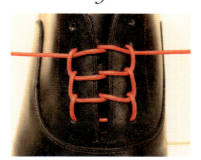

同じようにすぐ上の段に外側から内側へと通し、交差させて、直前に通した紐の下をくぐらせる。

4

最上段まで通したら完成。靴紐は外側で結んでもよいが、タンの内側で結べばすっきり見せられる。

74

トレイントラック

「線路」という名の通り、電車のレールと枕木のような形を描く。
一つの穴に紐を2回通すので、穴が小さい靴には不向き。

1

紐の左右の長さをそろえ、1段目の穴の内側から外側へ通す。片方の紐はすぐ上の2段目の穴に外側から入れ、反対側の2段目の穴の内側から出す。

2

もう片方の紐も同様に、すぐ上の2段目の穴に外側から入れ、反対側の2段目の穴の内側から出す。

3

同じように、すぐ上の穴に外側から入れ、反対側の同じ段の穴の内側から出すのをくり返す。

4

最上段の穴まで通したら完成。

COLUMN 5

マンションやコンクリート住宅など、高気密性住宅が増えたことにともない、年々靴のカビについてのお問い合わせをいただくことが増えています。たった数日履かなかっただけで靴がうっすらカビに覆われていたとか、ひさびさに箱から出した靴が見るも無惨な状態だった、という経験をお持ちの方も、おられるのではないでしょうか。

カビは「汚れ」「湿気」「高温」の3条件で発生します。まず、靴を保管する時は必ず汚れを落とし、ケアをしておきます。そして湿気対策として、靴の中には木製のシュートリーや乾燥剤を入れておきましょう。梅雨時や、靴の中に汗をかきやすい夏場は、カラッと晴れた日に下駄箱から靴を出して風通しを良くすることも忘れずに。

できれば靴は、密閉した靴箱には入れずに保管してほしいのですが、スペースの都合などで箱に入れて保管する場合は、箱に5、6か所ほど穴を開け、空気の通り道を作ってください。「M.モゥブレィ・モールドクリーナー」のような防カビ効果もあるカビクリーナーを、靴だけでなく箱の内側にもスプレーしておけば、さらに効果的です。

また、吸湿性がある木製のスノコや100円ショップで手に入る格子状のワイヤーネットを下駄箱の棚板に置くと、靴が浮いた状態になって空気が循環します。奥行きのある下駄箱なら、引き出しがわりになって、取り出しも楽になりますよ。

革靴の保管方法とカビ対策

4章 靴磨きの道具について

「靴の手入れにはいろんな道具があって、どう使い分けたらいいかわからない」という人も、いるかもしれません。

でも、大丈夫です。それぞれの特徴の違いや、どういう用途で使うべきか、これを読めばしっかりとわかります。

クリーナー

一般的な皮革の汚れを落とす洗剤。
ホコリや泥だけではなく、古いクリームやワックスも革を痛める原因となるので、しっかり取り除くことが必要。

**M.モゥブレィ
ステインリムーバー**

革靴用のクリーナーで、化粧品におけるクレンジング剤的な存在。かつてはチューブ入りのクリーム状が主流だったが、洗浄力と革への優しさから、現在は水性の液状が人気。

**M.モゥブレィ プレステージ
ステインクレンジングウォーター**

業界初の、有機溶剤未配合の表革用クリーナー。洗浄力はステインリムーバーにくらべ控えめだが、ホホバオイルなど天然成分が主なので革製品全般に使用できる。

**M.モゥブレィ
スエードクリーナー**

起毛皮革専用のスプレー式クリーナー。ドライクリーニングのように油性の汚れやシミを落とすのに有効で、ムートンブーツなどの繊細な素材にも便利。

サドルソープ、シューシャンプー

革靴や布地を水洗いし、クリーナーでは落ちないしみこんだ汚れを落とす石鹸。長い間履いて型崩れした時や雨ジミが起きた時なども、水洗いで整えることができる。

M.モゥブレィ
サドルソープ

皮革製品用石鹸。サドル（英語で「鞍」のこと）ソープという名の通り、馬の鞍やブーツなどの馬具を洗う製品として英国で開発され、革靴用としても古くから愛用されてきた。

M.モゥブレィ
ハイパークリーン

スニーカー用の汚れ落とし。皮革と布地のコンビネーション素材や、ゴアテックスなどのハイテク防水素材、ソールのゴムにも使用できる。先端がブラシなので手が汚れない。

M.モゥブレィ
スエード＆ヌバックシャンプー

起毛皮革専用の、シャンプータイプのクリーナー。スムースレザー同様、雨ジミやひどく汚れた時に便利。淡色のヌバックは特にきれいになる。

靴クリーム

水と油とロウを混ぜて作る乳化性靴クリーム。
主にスムースレザーに使用される。
ロウで表面を塗り固めるのではなく、革自体に栄養を与える作用も持つ。

M.モゥブレィ
シュークリームジャー

靴クリームは革に潤いや栄養、ツヤを与え、キズを補色する、革の栄養剤といえるものを選びたい。写真のものは高い浸透力と伸びの良さを持つ、ロングセラー商品。

ワックス

靴クリームだけでも一定のツヤは出るが、
「鏡面磨き」のような磨き込みには油性ワックスを使う。
それぞれ特徴があり使用感が違う。

M.モゥブレィ
ハイシャインポリッシュ

靴全体に薄く塗ることで、防水効果と光沢を持たせることができる。写真のものは伝統的なレシピの定番製品で、爪先の根本など履きジワが入りやすい部分も美しく仕上がる。

ブラシ（ホコリ落とし用）

どの革靴のお手入れでも最初に行うホコリ落としには、毛先が細くて柔らかく、毛量がある馬毛ブラシがよい。コードバン革のケアにも最適。

紗乃織
SANOHATA ブラシ 馬毛

日本製の馬毛ブラシ。厳選した丈夫な毛を使用し、持ち手には握りやすい溝と、ブラッシングしやすい反り返りがある。プロも愛用する逸品。

ブラシ（磨き用、仕上げ用）

クリームを革になじませ、ツヤを出す。コシのある豚毛のほか、ヤギの毛や馬のたてがみを使った柔らかめのものもあり、鏡面磨きの最終仕上げに使える。

紗乃織
SANOHATA ブラシ 豚毛

仕上げブラシは靴クリームに直接触れるため、靴の色に合わせて複数用意しよう。この製品は日本製で、手になじむ弓状の持ち手と、水平になるよう特殊加工された毛先を持つ。

起毛皮革用ブラシ

起毛皮革のお手入れの基本は、専用ブラシでのブラッシング。
真鍮からゴムまでさまざまなブラシがあり、
皮革の特性やコンディションで使い分ける。

紗乃織
SANOHATA ブラシ
スエード用本真ちゅう

日本製の起毛皮革用真鍮ブラシ。毛が荒れたりつぶれたりした起毛皮革の毛を起こし整えるには、先が硬く鋭いブラシが便利。そのため、毛先が丸まってきたら替え時である。

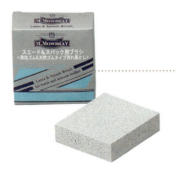

M.モゥブレィ
ラテックス＆スプラッシュブラシ

2種類のゴムが使われた起毛皮革用ブラシ。発泡ゴム面はホコリや汚れを優しくキャッチし、生ゴム面はガンコな汚れをこすり落とす。繊細なムートンブーツのケアにも便利。

R&D
クワトロスエードブラシ

ワイヤーとナイロンの2種類の毛に加え、汚れ落としゴムも一体化した、ハンディータイプのブラシ。

デリケートな皮革向け

ソフトレザーなどの繊細な皮革も、
他の皮革同様に適度な潤いと栄養分が必要。
こうした素材のケアにはデリケートタイプの保革剤が適する。

**M.モゥブレィ
デリケートクリーム**

ベタつかず自然な仕上がりでソフトレザーに最適な、皮革製品用栄養クリーム。乾燥やひび割れから製品を守る。ゼリー状のソフトタイプで、ロウ分が少なく伸びも良い。

**M.モゥブレィ プレステージ
クリームエッセンシャル**

スムースレザーに潤いと栄養を与えながら自然なツヤを与え、同時に表面についた汚れを落とす。蜜ロウやラノリンなどの天然成分配合で、高級な革小物のお手入れにも向く。

**M.モゥブレィ
ナッパケア**

ヌメ革やナッパレザーなど、ケアが難しくシミになりやすい皮革は、スプレータイプの栄養・保湿剤で仕上げる。防水力もあり、まさにデリケートクリームのスプレー版。

特殊皮革向け①

爬虫類革、エナメル革、合成皮革などの特殊皮革は、一般のスムースレザーとお手入れ方法が異なる。特性を理解して正しいケアを。

M.モゥブレィ
パーフェクトジェル

爬虫類皮革、エナメル革、メタリック革など光沢のある革の汚れを落とし、ツヤを出す。ヤギ毛ブラシやたてがみブラシなど柔らかい毛のブラシで仕上げるのがお勧め。

M.モゥブレィ
マルチカラーローション

カラ拭きだけで手軽に仕上がる、ラバー、ビニール、合成皮革用ローション。これらの製品は劣化しやすいので、潤いを与えてひび割れを予防することが重要。

M.モゥブレィ
ラックパテント

エナメル革専用ローションで、ベタつきや汚れを落とし、ツヤも出す。無色なのでどんな色や種類のエナメルにも使用可能。こちらもカラ拭きだけでOK。

特殊皮革向け②

牛や馬の革でも特別な部位や特殊な加工を施したもの、また複数種類の素材を組み合わせたタイプの靴には、専用のお手入れ用品が必要。

M.モゥブレィ
コードバンクリームレノベーター

コードバン専用の補色・栄養・ツヤ出しクリーム。無色のものは、コードバンの財布やベルトなど革小物にも使用可能。

M.モゥブレィ
アニリンカーフクリーム

染料が水性のためシミや色落ちが起きやすいアニリンカーフのためのクリームで、栄養を与えながら透明感ある光沢を出す。ソフトレザー全般にも使え、革小物にも適する。

M.モゥブレィ
コンビトリートメント

違う色や素材の組み合わせで作られたコンビネーションタイプの靴のケアは、どのようにして仕上げるか悩みの種だが、まとめて使える栄養補給・柔軟スプレーなら一気に解決。

仕上げスプレー

同じように見える仕上げスプレーだが、
皮革の種類や、「撥水」「栄養補給」「補色」など、
目的によって、使うべきものは違ってくる。

**M.モゥブレィ
プロテクターアルファ**

革や布地など多くの素材に使えるスプレー。ロウ分などで表面を覆う「防水」と違い、繊維にフッ素樹脂を定着させ、通気性を損なわず水をはじく「撥水」効果を持たせる。

**M.モゥブレィ
スエードカラーフレッシュ**

起毛皮革専用の栄養剤入り防水スプレー。表革における靴クリームのような存在で、起毛皮革に栄養を与えながら、防水、防汚効果を与える必須アイテム。

**M.モゥブレィ
スエード＆ヌバックトリートメント**

起毛皮革に潤いと栄養を与えるトリートメント剤。乾燥や経年で退色してしまった革に使用すれば発色が良くなり、鮮やかな色を甦らせる。ミストタイプで使いやすい。

コバとソールのケア用品

靴のコバや革底はなかなか目が届かないが、こうした部分もしっかりお手入れすると、靴の寿命が延びて、靴への愛着も湧いてくる。

M.モゥブレィ
ウェルトクリーム

靴のコバの補色・栄養クリーム。キズがつきやすいコバに栄養と光沢を与えながら補修する。インクタイプもあるが扱いが難しいため、写真のようなクリームタイプがお勧め。

M.モゥブレィ
ソールモイスチャライザー

革底専用の栄養クリーム。革底は歩行の際の地面との接地で減りが進む。潤いを与えて革底に柔軟性を与えると減りが遅くなり、歩行時の感触も良くなる。

スクラッチブラシ

革底用の滑り防止用ブラシ。表面がツルツルした革底は歩行の際に滑りやすい。あえて革底にキズをつけて荒らすことで滑りにくくする、プロユースな道具。

あると便利な小物

お手入れの効率を高めたり、
普段の生活の中で靴のダメージを抑えてくれる小物もある。
ぜひ使いこなしたい。

R&D
ペネトレィトブラシ

豚毛混の塗布用ブラシ。手を汚さず効率よく、クリームを靴全体にまんべんなく伸ばせる。毛先を使ってコバや飾り穴、革のシボ（シワ）などにもクリームを行きわたらせることができる。

M.モゥブレィ
グローブクロス

グローブ型のカラ拭き用布は作業しやすく、簡単にツヤ出しができる。写真のものは綿とフリース素材の組み合わせだが、天然のエゾ鹿革を使用したものもある。

吉田三郎別注
ソリッドブラス 13&ブライドル

靴べらを日常的に使う人は少ないが、履き口の広がりやカカトの劣化を抑えてくれる、立派なケア用品。脱ぎ履きが多い日本人は携帯用の靴べらを持つことが望ましい。

靴を清潔・快適に保つ

足をサポートするソールを入れたり、
カビや細菌の繁殖を抑えたりすることで、履き具合がよくなるだけでなく、
靴底や内側のダメージも軽減される。

クラブヴィンテージ・コンフォート
シープレザー
コンプリートアーチサポート

ソールは足の形や症状に対応した、さまざまなタイプがある。これは足裏のアーチ（→P60）を補正し、理想的な歩行を実現させるもの。吸汗性と耐久性に優れる羊革が使われている。

M.モゥブレィ プレステージ
モールドクリーナー

皮革製品専用のカビ除去・予防剤。海藻などから作られる有機ヨードが主成分で、高い除菌力と人体に優しい安全性が特長。靴箱や下駄箱などにもスプレーすればさらに効果的。

M.モゥブレィ プレステージ
ナチュラルフレッシュナー

天然オイルを使用したミストで、除菌や消臭効果だけでなく、エッセンシャルオイルの香りの効果で靴の内部をさわやかに清潔に保つ。下駄箱や靴箱にも使用できる。

　R&Dは当初、欧州各地から、当時の日本にはなかった靴のお手入れ用品を国内市場に紹介していました。

　中でも英国王室御用達として知られ、1826年から続くイギリス製の靴クリーム「メルトニアン」は、非常に上質で靴に優しく、弊社のお客様に大変、愛されていた商品でした。

　ところが、2000年頃にメーカーが製造をやめると発表したのです。「もう買えないのか？」と心配したお客様からのお問い合わせが殺到しました。

　この声に押され、R&Dが「メルトニアン」のブランドを引き継ごうとメーカーに申し出ましたが叶いません。今までは輸入代理店として経営してきましたが、これを機にオリジナルブランドを立ち上げ、自社で製造することを決心しました。欧州に飛び、「メルトニアン」の品質に近い製品を探し歩いたところ、イタリアの小さな工場と出会いました。イタリア人の社長は職人気質の頑固おやじで、生産量や採算面で難しいと、最初は断られましたが、何度も交渉を重ねるうち、ついに弊社と契約してくれることになりました。これが我が社のブランド、「M.モゥブレィ」が生まれた瞬間です。

　「M.モゥブレィ」の名は、「メルトニアン」が誕生した、メルトン・モゥブレィというイギリスの小さな町の名に由来します。私たちの想いと行動が、19世紀からの歴史や伝統をこの日本で受けついだことは大きな喜びです。

「M.モゥブレィ」誕生秘話

COLUMN 7

　足裏のアーチと言って思い浮かびやすいのは、土踏まずの部分「内側のタテのアーチ」でしょう。しかし、60ページでも説明したように、他にもアーチがあります。1つは、親指付け根から小指付け根までの「ヨコのアーチ」、もう1つは土踏まずと反対の、カカト外側から小指の付け根への「外側のタテのアーチ」です。この3つのアーチが連動することで、歩行時の理想的な体重移動を可能にします。

　カカトから着地したら、体重は「外側のタテのアーチ」を通じて小指の付け根へ。そこから「ヨコのアーチ」を伝わり、親指の付け根へ移動。最後に「内側のタテのアーチ」を使って親指を蹴り出し、体が前に進みます。この体重移動がうまくできないと足腰に負担がかかり疲れやすくなるのですが、アーチが機能していない足でも、アーチを支えるインソールを靴に装着することで、美しく健康的な歩行が可能になります。

　今から30年前、ドイツで靴売り場の中敷きコーナーを見て驚きました。足裏をサポートし、正しい歩行を促す立体的なインソールが、数多く売られていたのです。当時の日本の中敷きは、サイズ調整や防臭、吸汗のためのフラットなものばかりでした。

　日本にも足の健康を考えたインソールが必要と感じたことで、R&Dはいち早く、こうした製品を取り扱うことになったのです。

足の裏の「3つのアーチ」の役割

おわりに

　今でこそ正しい靴磨きを広めるべく日々奮闘している私ですが、もともとは旅が好きで、旅行会社で働いていました。ところが今から27年前、父が創業したR&Dに呼ばれ、しぶしぶ入社することになったのです。社員が5、6人ほどの弱小の靴クリーム会社は、常に人手不足でした。

　家業とはいえ畑違いの世界に、はじめは戸惑いました。当時は靴専門店でのシューケア用品の取り扱いは小さなもので、私たちの仕事は靴業界の中で「付属屋さん」と呼ばれていたものです。「靴が主、ケア用品は従」という上下関係への違和感もありました。

　しかし、R&Dの先輩社員たちは、「本場欧州の正しいお手入れ法を日本に広めたい」と、一丸となって働いていました。業界初の「シューケア実演会」を毎週末に開催したり、日本橋・銀座三越、池袋西武、大阪伊勢丹、玉川髙島やなどの大手百貨店の靴売り場に、常設の有料靴磨きサービスを展開するなどの挑戦を続けていったのです。無料のおまけではなく、お金をいただいてプロの技術で靴を磨くサービスは、当時非常に画期的なものでした。

　一方、その頃一番売れていた、塗るだけで光る液体靴クリームは、「通気性を妨げ、靴に良くない」と、決して扱

いませんでした。「見せかけのキレイさや売上げより、本当に革に良く、お客様に心から喜んでもらえるものを」という先輩社員たちの矜持に触れ、私は靴磨きの魅力にどんどんはまっていきました。

　ここで少しだけ、私たちの取り組みについてお伝えさせてください。

　R&Dは、1975年に設立されました。シューケア用品の輸入代理店として、「ウォーリー」「メルトニアン」「コクシー」など欧州の良質な靴磨き製品を日本に紹介し、95年には前記の通り、日本で初めて有名百貨店内での靴磨きサービスを開始。2002年からはオリジナルブランド「M.モゥブレィ」を展開し、13年には靴磨きサービスと修理工房を備えた公式ショップ「FANS.」をオープンしました。

　日々の歯磨きや掃除のように、靴のお手入れが日常的なものとなれば、多くの方に天然皮革製品の魅力と物を大切にする心が伝わって、企業も人もさらに成長する。「シューケア、フットケアを通じて新しい日本の靴文化を創造する」という企業理念のもと、そんな日本を築く一翼を目指しています。

　そうした中で、女性にも「靴磨き」の魅力を広めています。靴の種類が多く、流行が早い女性は、男性に比べて靴のお手入れをする機会が少ないもの。そこで、「女性にも靴のお手入れの楽しさを知ってほしい」と、女性社員たちが「R&D靴磨き女子部」というグループを立ち上げ、情報発信や靴磨きイベントの開催を行っています。「靴を長

93

持ちさせることは、環境への配慮につながる」との評価も
いただき、実演や取材のオファーもいただくようになりま
した。

　他にも、シューケアやリペア業界、革靴・皮革製品メー
カー各社に呼びかけ、「一般社団法人 日本皮革製品メンテ
ナンス協会」を設立しました。また、毎年9月23日を「靴
磨きの日」と制定し、18年のこの日には「靴磨きフェス
2018」を開催、多くの方々にご参加いただきました。

　そして、偉大な先輩方の技術と志を受けつぐ靴と皮革の
プロフェッショナル、「R&Dシューケアマイスター」の育
成にも注力しています。彼らが常駐する全国6箇所の
R&D公式ショップでは、大事な靴をお預かりするだけで
なく、お客様がご自分でケアをする時のコツも親切にお教
えしますので、ぜひ一度、遊びにいらしてください。

　私たちは、これからも技術を磨き、日本中に「靴磨き」
の素晴らしさを伝えてまいります。

　最後に、靴磨きをする人の立場に立ってわかりやすく編
集してくださった毎日新聞出版の中西庸様と、フリーラン
ス編集の白石あづさ様、ブックデザインをご担当いただい
た轡田昭彦様、坪井朋子様、素敵なイラストをお描きくだ
さった綿谷寛様をはじめ、本書の出版に多くのご協力とお
知恵をいただきました皆様に、深く感謝いたします。

　　　　　株式会社R&D　代表取締役社長　静孝一郎

［ 株式会社R&D　M.モウブレィ公式HP ］
https://www.randd.co.jp/

［ R&D靴磨き女子部　公式HP ］
http://shoecaregirls.jp/

［ Shoe Care & Shoe Order Room FANS. 浅草本店 ］
東京都台東区雷門2-13-4　岡本ビル１F
☎03-5811-1831（営業時間：10:00〜18:00／火曜定休）

[著者紹介]

静 孝一郎（しずか・こういちろう）

1966年、東京都生まれ。大学卒業後、大手旅行会社の企画部門などを経て、92年に靴のケア商品を扱う株式会社R&Dに入社。営業部門で実務経験を積むとともに靴磨きの技術を磨き、また国内外工場での商品開発にも携わる。2009年に代表取締役に就任。英国の有名ブランドの系譜を引き継ぐシューケア用品ブランド「M.モゥブレィ」を創設、人気を博す。「正しい靴のお手入れ方法を日本に広め、新しい日本の靴文化を創る」という使命を任じ、「靴磨き」の価値を高めるべく、業界全体を巻き込んださまざまな活動を続けている。一般社団法人日本メンズファッション協会執行役員、同日本皮革製品メンテナンス協会理事。

靴磨きの教科書
プロの技術はどこが違うのか

印　刷	2019年2月15日
発　行	2019年2月28日

著　者	静 孝一郎

発行人	黒川昭良
発行所	毎日新聞出版
	〒102-0074　東京都千代田区九段南1-6-17　千代田会館5階
	営業本部　☎03(6265)6941
	サンデー毎日編集部　☎03(6265)6741

印　刷	光邦
製　本	大口製本印刷

©Koichiro Shizuka 2019, Printed in Japan
ISBN978-4-620-32568-2

乱丁・落丁本はお取り替えします。
本書のコピー、スキャン、デジタル化等の無断複製は著作権法上での例外を除き禁じられています。